BEI GRIN MACHT SICH IHR WISSEN BEZAHLT

- Wir veröffentlichen Ihre Hausarbeit, Bachelor- und Masterarbeit

- Ihr eigenes eBook und Buch - weltweit in allen wichtigen Shops

- Verdienen Sie an jedem Verkauf

Jetzt bei www.GRIN.com hochladen und kostenlos publizieren

Bibliografische Information der Deutschen Nationalbibliothek:

Die Deutsche Bibliothek verzeichnet diese Publikation in der Deutschen National-
bibliografie; detaillierte bibliografische Daten sind im Internet über http://dnb.d-
nb.de/ abrufbar.

Impressum:

Copyright © 2019 GRIN Verlag
Druck und Bindung: Books on Demand GmbH, Norderstedt Germany
ISBN: 9783668912120

Dieses Buch bei GRIN:

https://www.grin.com/document/459841

Marvin Heyse

Aus der Reihe: e-fellows.net stipendiaten-wissen

e-fellows.net (Hrsg.)

Band 3025

Bremsvorgang ohne ABS. Simulation mit Simulink

GRIN Verlag

Inhaltsverzeichnis

1. Einleitung

Dieses Assignment entstand im Rahmen des Moduls „Systemanalyse". Hierbei soll das Gelernte angewandt und die Interpretationsfähigkeit von Ergebnissen gezeigt werden. Die Arbeit teilt sich in den vorbereitenden mathematischen Teil, in den Anteil der Simulation und in den abschließenden interpretativen Teil.

Die in Matlab erstellten Graphen sind für einen besseren Lesefluss bereits im Text abgebildet. Da diese Abbildungen jedoch größenbedingt schwierig zu lesen sind, sind die entsprechenden Graphen nochmals im Anhang aufgeführt.

2. Aufgabenstellung und Zielsetzung

Die Aufgabe der vorliegenden Arbeit ist die Simulation eines Bremsvorgangs eines Pkws ohne ABS. Das Hauptaugenmerk der Untersuchung liegt hierfür auf der Radgeschwindigkeit. Weiter soll die Auswirkung von veränderten Simulationsparametern wie Fahrzeugmasse und –geschwindigkeit untersucht werden. Die Arbeit schließt mit einer Bewertung der Simulationsergebnisse und der Interpretation im Rückschluss auf das sichere Fahren.

3. Aufstellen der Gleichungen

Im Folgenden werden die Annahmen und Variablen aus Scherf 2010 verwendet und weitergeführt.

Ausgehend von der Gleichung (3.38 (Scherf 2010, S. 25)):

$$J_R * \ddot{\varphi}_R = F_R * r_R - M_B$$

Ergibt sich mit (3.39 (Scherf 2010, S. 25))

$$F_R = \mu(\lambda) * F_N$$

$$J_R * \ddot{\varphi}_R = \mu(\lambda) * F_N * r_R - M_B$$

Hierbei ist der Reibbeiwert μ abhängig vom Schlupf des Rades, also auch von der Radgeschwindigkeit. Als Schlupf wird die Differenz zwischen Fahrzeug- und Radgeschwindigkeit, normiert auf die Fahrzeuggeschwindigkeit bezeichnet.

$$\lambda = \frac{v_F - v_R}{v_F}$$

mit:

$$v_R = r_R * \omega_R$$

Also ist $0 \leq \lambda \leq 1$. Grundsätzlich ist auch ein Schlupf von $-1 \leq \lambda \leq 1$ möglich, jedoch soll der Fall eines negativen Schlupfes hier nicht betrachtet werden.

Aus (3.41 (Scherf 2010, S. 25)) geht der Schlupf für eine trockene Asphaltstraße hervor:

$$\mu(\lambda) = c_1 * \left(1 - e^{-c_2 * \lambda}\right) - c_3 * \lambda$$

(3.6) eingesetzt in (3.3) ergibt:

$$J_R * \ddot{\varphi}_R = \left[c_1 * \left(1 - e^{-c_2 * \lambda}\right) - c_3 * \lambda\right] * F_N * r_R - M_B$$

Wie bereits in Abschnitt 3.4 beschrieben, ist die Normalkraft F_N während des Bremsvorgangs größer als $m * g$. Diese Verstärkung der Normalkraft durch das Nickmoment wird, wie in 3.4.2 (Scherf 2010, S. 27), mit dem Faktor 1,5 angenommen.

$$F_N = 1,5 * m * g$$

(3.4),(3.6) und (3.8) eingesetzt in (3.7):

$$J_R * \ddot{\varphi}_R = \left[c_1 * \left(1 - e^{-c_2 * \frac{v_F - r_R * \omega_R}{v_F}}\right) - c_3 * \frac{v_F - r_R * \omega_R}{v_F}\right] * 1,5 * m * g * r_R - M_B$$

$$\ddot{\varphi}_R = \frac{1}{J_R} * \left(\left[c_1 * \left(1 - e^{-c_2 * \frac{v_F - r_R * \omega_R}{v_F}}\right) - c_3 * \frac{v_F - r_R * \omega_R}{v_F}\right] * 1,5 * m * g * r_R - M_B\right)$$

Die Winkelbeschleunigung $\ddot{\varphi}_R$ des Rades wird als Führungsgröße in Simulink genutzt.

4. Simulation

Die Simulation des Bremsvorgangs bildet den Hauptteil dieses Assignments. Zuerst werden die Parameter definiert, anschließend das Blockschaltbild erstellt und die Parametervariation festgelegt. Abschließend werden die Simulationsergebnisse aufgezeigt.

4.1 Definition der Parameter

Für die Simulation werden folgende Eingangsparameter in ein Matlab-Skript (Brems_o_ABS.m) geschrieben:

```
rR=0.3;
JR=0.8;
A=2;
cw=0.3;
rho=1.2;
g=9.81;
c1=0.86;
c2=33.82;
c3=0.36;
v0=v/3.6;
MB=5355;
```

Diese Eingangsparameter decken sich mit den in 3.4 (Scherf 2010, S. 24) gegebenen Werten. Das Bremsmoment M_B weicht jedoch von der Vorgabe auf Seite 28 (Scherf 2010) von $M_B = 5335\,Nm$ ab und beträgt $M_B = 5355\,Nm$ (vergleiche hierzu bremsenohneabs.mdl aus dem Zusatzmaterial, Step 1 „MB [Nm]"). Diese Abweichung ist notwendig um einen Schlupf von $\lambda = 1$ zu erzeugen. Mit einem Bremsmoment von $M_B = 5335\,Nm$ ist dies nicht möglich und führt zu $\lambda_{max} \approx 0{,}117$.

4.2 Darstellung in Simulink

Das Blockschaltbild in Simulink ähnelt Abb. 3.20 (Scherf 2010, S. 27). Die Hauptunterschiede sind, dass die beiden Berechnungsstränge jeweils in einem Subsystem zusammengefasst wurden.

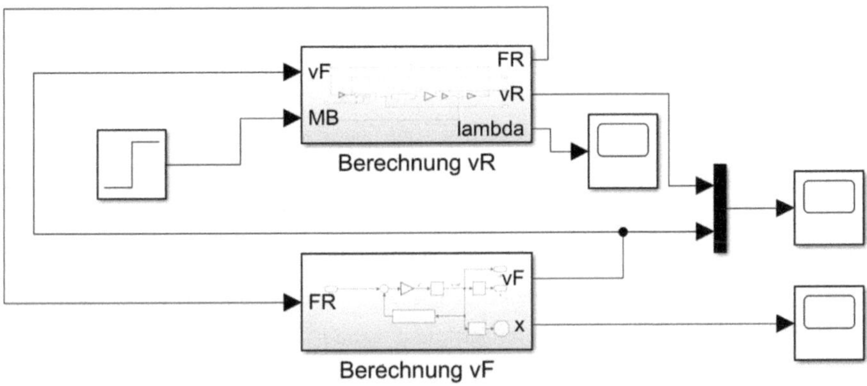

Abb. 1: Blockschaltbild in Simulink

Über *Step1* wird das Bremsmoment zum Zeitpunkt $t = 0\,s$ erzeugt. Dieses dient als Eingang für das Subsystem *Berechnung vR* (Abb. 2).

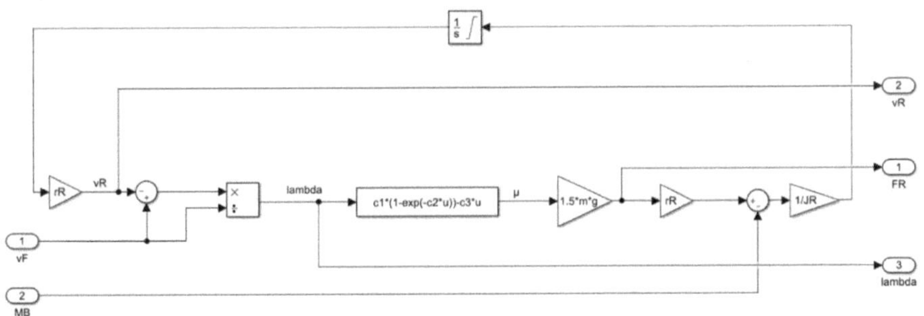

Abb. 2: Subsystem „Berechnung vR"

Das Subsystem *Berechnung vR* führt die komplette Berechnung der Radgeschwindigkeit v_R durch. Die Integration von $\ddot{\varphi}_R$ findet ebenfalls innerhalb des Systems über den Integrator statt. Die gewählten Starbedingungen und das Limit des Integrators gleichen denen von (Scherf 2010).

Die Berechnung der resultierenden Fahrzeuggeschwindigkeit v_F sowie dem Bremsweg x erfolgt im Subsystem *Berechnung vF*.

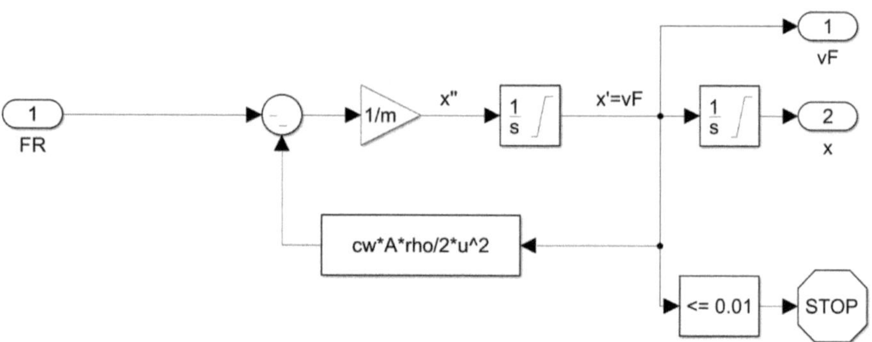

Abb. 3: Subsystem „Berechnung vF"

Als einziger Input des Subsystems wird die Reibungskraft F_R genutzt. Diese wird, zusammen mit der geschwindigkeitsabhängigen Luftwiderstandskraft, von der Fahrzeuggeschwindigkeit v_F „subtrahiert" und wieder zur Fahrzeuggeschwindigkeit aufintegriert. Die Fahrzeuggeschwindigkeit dient sowohl als Stopkriterium für die gesamte Simulation als auch als Eingangswert für einen weiteren Integrator zur Berechnung des Bremswegs x. Als Output 1 wurde die Fahrzeuggeschwindigkeit v_F gewählt. Diese wird durch das Hauptsystem wieder dem Subsystem *Berechnung vR* zugeführt sowie mittels eines Scopes abgebildet.

Der Grund für die Schachtelung durch Subsysteme ist die verbesserte Übersichtlichkeit. Die Fehlersuche kann durch diese Darstellung jeweils auf die beiden Subsysteme begrenzt werden, denn die einzige Fehlerquelle im Hauptsystem kann der Step sein. Durch diese Darstellung konnte das komplexe Blockschaltbild in Abb. 3.20 (Scherf 2010, S. 27) entzerrt und strukturiert werden.

4.3 Variation der Parameter

Im Rahmen dieser Arbeit soll die Auswirkung von verschiedenen Fahrzeugmassen und verschiedenen Geschwindigkeiten untersucht werden. Um nahe an der Realität zu bleiben wurden als Untersuchungsobjekte der Volkswagen Golf I und VII, der Audi A6 und ein Land Rover Discovery ausgewählt. Es wird jeweils der Bremsweg der verschiedenen Fahrzeuge bei 100 km/h, bei 75 km/h und bei Höchstgeschwindigkeit untersucht.

Tabelle 1: Verschiedene Eingangswerte für die Simulation (mobile.de)

Fahrzeug	Fahrzeugmasse	Höchstgeschwindigkeit
Referenzmodell	1500 kg	225 km/h
Golf I	930 kg	187 km/h
Golf VII	1216 kg	196 km/h
Audi A6	1735 kg	250 km/h
Land Rover Discovery	2230 kg	209 km/h

Für die ausgewählten Untersuchungsobjekte werden verschiedene Kombinationen der Parameter simuliert. Zu Beginn der Untersuchung wird nur ein Parameter verändert um eventuell auftretende Abweichungen vom erwarteten Ergebnis schneller zu erkennen. Anschließend wird die Geschwindigkeit erst einheitlich und im dritten Durchlauf für jedes Fahrzeug individuell geändert.

Tabelle 2: Simulationsdurchläufe

Testdurchlauf	Referenzmodell: $v_{o,F} = 100\ {}^{km}/_{h}$ und $m = 1500\ kg$
1. Durchlauf	$v_{o,F} = 100\ {}^{km}/_{h}$ und individuelle Fahrzeugmassen
2. Durchlauf	$v_{o,F} = 75\ {}^{km}/_{h}$ und individuelle Fahrzeugmassen
3. Durchlauf	$v_{o,F} = v_{o,Fmax}$ und individuelle Fahrzeugmassen

4.4 Ergebnisse

Die Darstellung der Simulationsergebnisse teilt sich in mehrere Abschnitte. Zu Beginn wird das Referenzmodell nach Scherf simuliert. Hierüber kann der korrekte Ablauf der Simulation geprüft werden. In den weiteren Teilen erfolgen die Simulationen mit den veränderten Parametern.

4.4.1 Simulation Referenzmodell

Als Eingangswerte für die Simulation des Referenzmodells werden die Angaben auf Seite 24 (Scherf 2010) genutzt.

Der Verlauf des Schlupfes gleicht dem Verlauf aus Abb. 3.22 (Scherf 2010, S. 28).

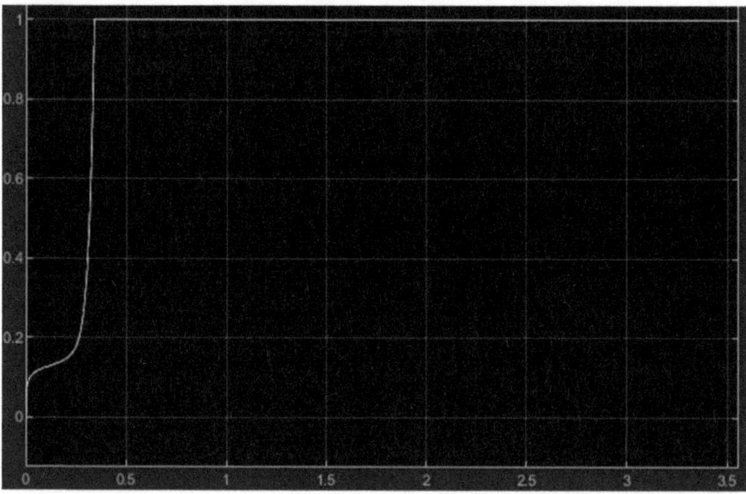

Abb. 4: Verlauf von λ

Der Schlupf steigt schnell an und springt schließlich auf $\lambda = 1$, was ein blockierendes Rad bedeutet. Dieser Stillstand des Rades bleibt bis zum Ende der Simulation erhalten. Dies ist auch in Abb. 5 an der gelben Linie erkennbar.

Nachdem das Rad blockiert, nimmt die Fahrzeuggeschwindigkeit v_F linear ab. Diese Verläufe sind auch in Abb. 3.21 (Scherf 2010, S. 28) erkennbar.

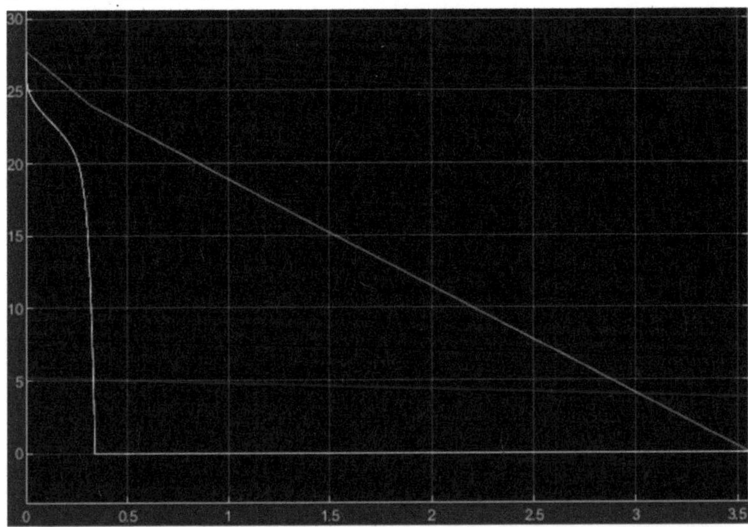

Abb. 5: Verlauf von v_F (blau) und v_R (gelb)

Folglich ist auch der Verlauf des Bremsweges x gleich dem Verlauf in Abb. 3.23 (Scherf 2010, S. 29). Die Simulation ist gleich der von Scherf und wird damit als fehlerfrei angesehen.

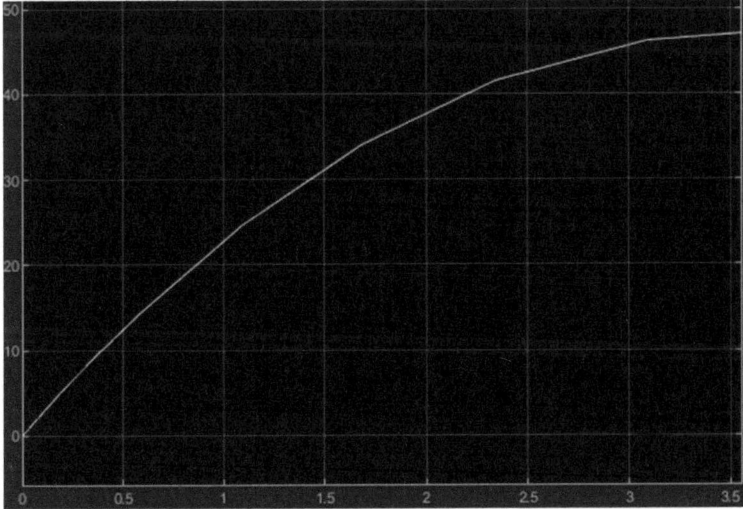

Abb. 6: Bremsweg x des Pkws [m]

4.4.2 Simulation verschiedener Fahrzeugmassen

Zu erst wird, wie bereits beschrieben, die Fahrzeugmasse bei gleicher Anfangsgeschwindigkeit $v_{F,0}$ verändert.

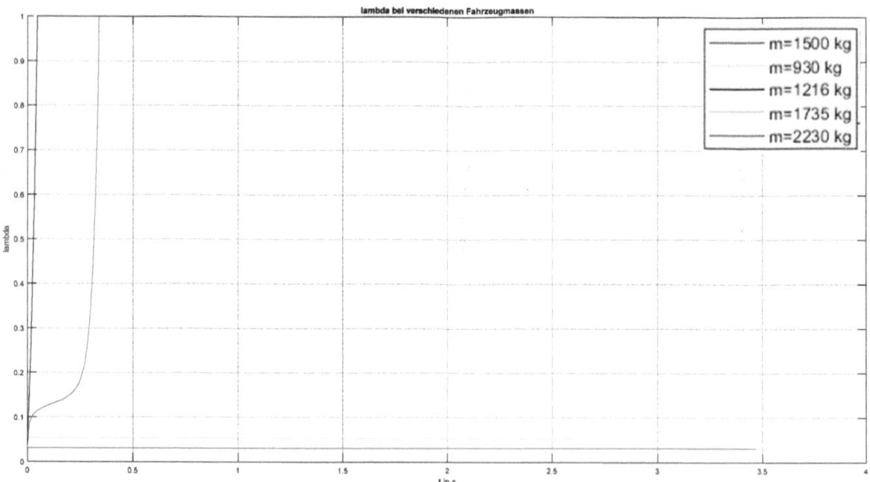

Abb. 7: Schlupf λ bei verschiedenen Fahrzeugmassen m und gleicher Geschwindigkeit $v_{F,0}$

Hier zeigt sich, dass bei den beiden Fahrzeugen, die leichter sind als das Referenzmodell, sprungartig ein Schlupf von $\lambda = 1$ einsetzt. Dies lässt sich durch die geringere Normalkraft F_N erklären. Um einen ähnlichen Verlauf wie beim Referenzmodell (blau) zu erhalten, müsste das Bremsmoment M_B verringert werden. Dementsprechend blockieren bei den deutlich schwereren Fahrzeugen die Räder nicht. Hier hält sich der Schlupf auf einem niedrigen, stationären Wert.

Die Auswirkungen des unterschiedlichen Schlupfes, bzw. der Zeitverläufe, spiegeln sich auch in den Rad- und Fahrzeuggeschwindigkeiten, wie in Abb. 8 erkennbar, wieder. Die beiden Räder der beiden leichteren Fahrzeuge blockieren schlagartig und fast gleichzeitig. Hierdurch ergibt sich ein sehr ähnlicher Verlauf der Fahrzeuggeschwindigkeit und ein entsprechend ähnlich verlaufender Bremsweg (vgl. Abb. 12).

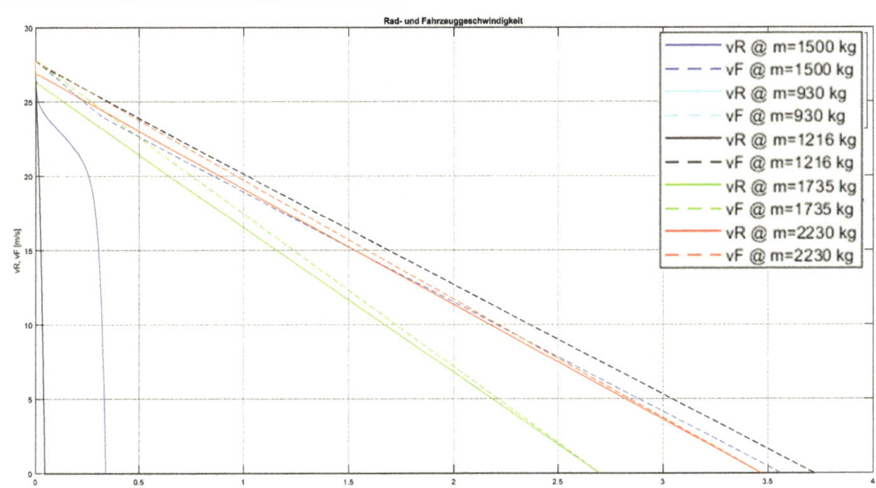

Abb. 8: Rad- und Fahrzeuggeschwindigkeiten (v_R, v_F) bei verschiedenen Fahrzeugmassen m und gleicher Geschwindigkeit $v_{F,0}$

Beim Audi A6 (grün) blockieren die Räder nicht, sondern sorgen durch den geringen Schlupf von $\lambda = 0{,}05$ für einen harmonischen Bremsverlauf und dem deutlich kürzesten Bremsweg. Das schwerste Fahrzeug (rot) zeigt einen geringeren Schlupf als der Audi A6 weswegen der Reibungskoeffizient μ geringer ausfällt (vgl. Abb 3.18 (Scherf 2010, S. 26)). Daher ist der Bremsweg für das schwerste Fahrzeug trotz geringerem Schlupf höher als bei dem Zweitschwersten. Folglich sind die Kurven für Rad- und Fahrzeuggeschwindigkeit des schwersten Fahrzeugs auch flacher als beim Audi A6.

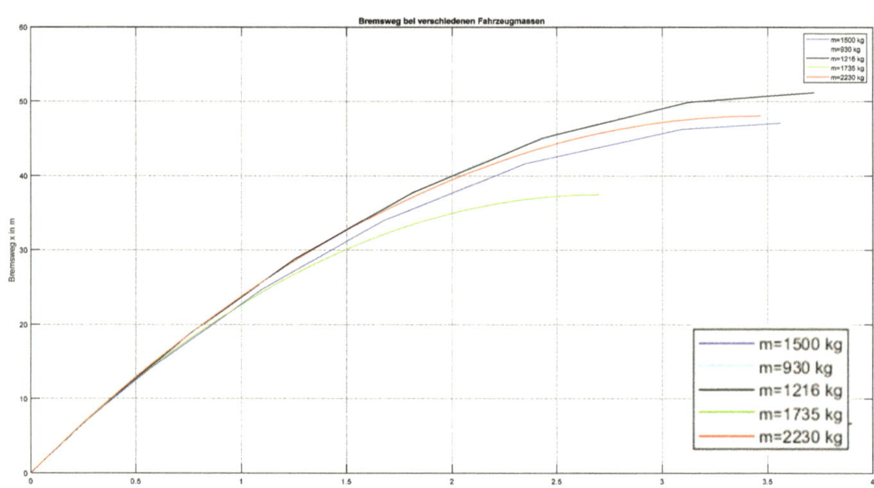

Abb. 9: Bremsweg x bei verschiedenen Fahrzeugmassen m und gleicher Geschwindigkeit $v_{F,0}$

Grundsätzlich wäre zu erwarten gewesen, dass der Bremsweg bei zunehmender Fahrzeugmasse abnimmt, da die Normalkraft und dadurch die Reibkraft steigt. Jedoch ergibt sich durch (3.6) eine Anomalie im Reibkoeffizienten wodurch das schwerste Fahrzeug eine geringere Reibkraft aufweist. Die Ergebnisse der Simulation sind daher plausibel.

4.4.3 Simulation verschiedener Fahrzeugmassen und verringerter Geschwindigkeit

Im nächsten Schritt wurde eine verringerte Anfangsgeschwindigkeit $v_{F,0} = 75 \ ^{km}/_h$ für die verschiedenen Fahrzeugmassen angenommen und der Bremsvorgang simuliert.

Der Verlauf des Schlupfes in Abb. 10 der einzelnen Fahrzeuge ähnelt sehr dem Verlauf in Abb. 7, was zu erwarten war. Der einzige Unterschied zeigt sich in der Simulationsdauer, die entsprechend kürzer ausfällt.

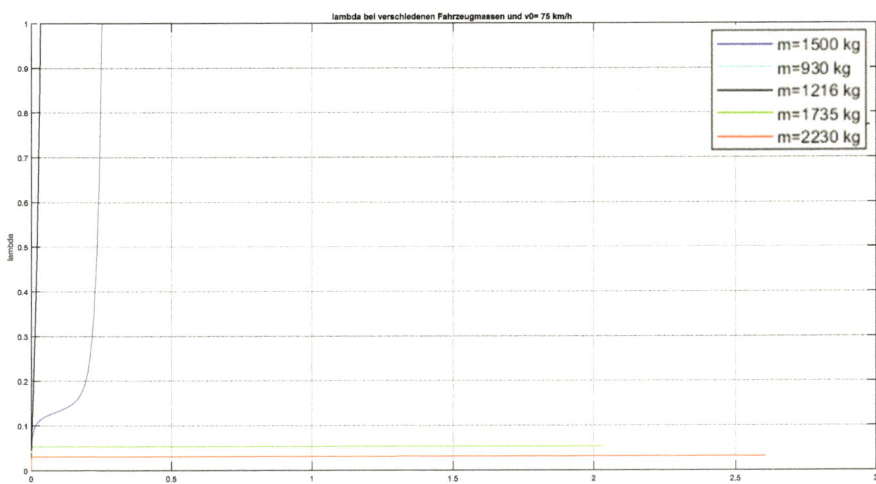

Abb. 10: Schlupf λ bei verschiedenen Fahrzeugmassen m und gleicher Geschwindigkeit $v_{F,0} = 75 \ {}^{km}/_h$

Folglich sind auch die Verläufe der Rad- und Fahrzeuggeschwindigkeiten in Abb. 11 vergleichbar mit den Verläufen in Abb. 8. Auch hier sind die blockierenden Räder der drei leichteren Fahrzeuge erkennbar, wobei die beiden leichtesten wieder sprunghaft blockieren und einen nahezu deckungsgleichen Verlauf der Fahrzeuggeschwindigkeit zeigen. Die Anfangsgeschwindigkeiten und die Zeitspanne zum Stillstand sind gegenüber Abb. 8 erwartungsgemäß reduziert.

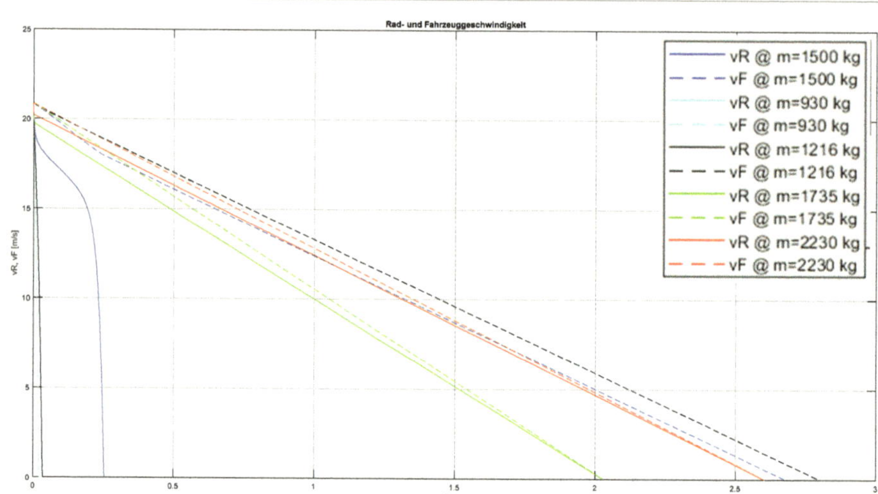

Abb. 11: Rad- und Fahrzeuggeschwindigkeiten (v_R, v_F) der verschiedenen Fahrzeuge bei Höchstgeschwindigkeit $v_{F,0} = 75\ ^{km}/_h$

Da sich die Dauer der Bremsvorgänge insgesamt reduziert hat, verkürzen sich folgerichtig auch die Bremswege wie in Abb. 12 erkennbar. Die Anomalie des Reibkoeffizienten ist auch hier erkennbar (vgl. grüne und rote Kurve).

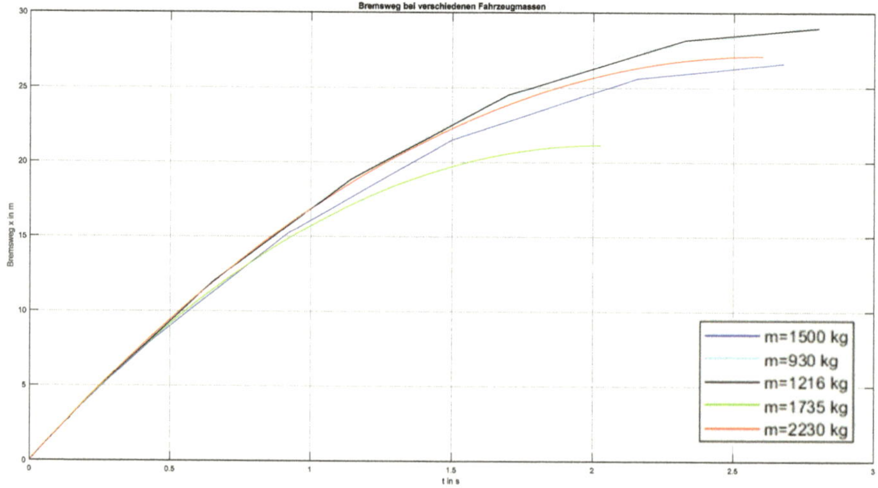

Abb. 12: Bremsweg x der verschiedenen Fahrzeuge bei Höchstgeschwindigkeit $v_{F,0} = 75\ ^{km}/_h$

4.4.4 Simulation verschiedener Fahrzeugmassen bei Höchstfahrt

Für das dritte Simulationsszenario werden die individuellen Fahrzeugmassen und die Höchstgeschwindigkeiten der Fahrzeuge angenommen. Die Werte sind in 4.3 Variation der Parameter genannt.

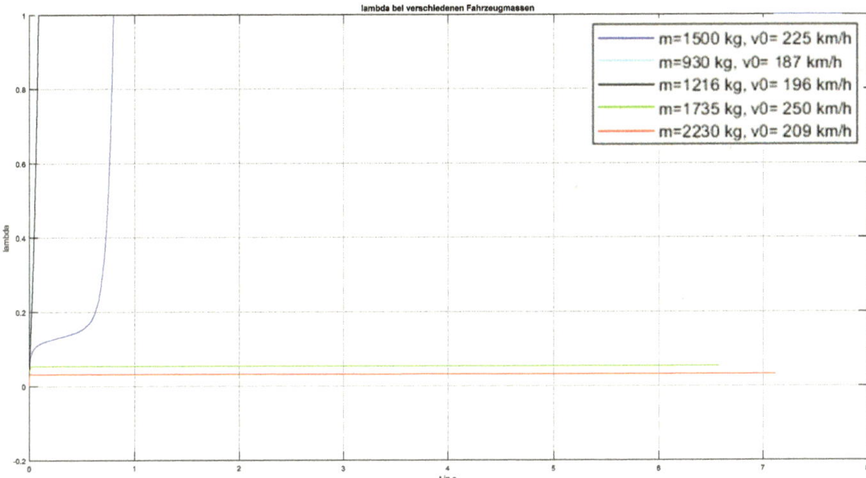

Abb. 13: Schlupf λ der verschiedenen Fahrzeuge bei Höchstgeschwindigkeit $v_{F,0} = v_{max}$

Da der Schlupf die Differenz von v_F und v_R, bezogen auf v_F (vgl. (3.4)), ist, sind die jeweiligen Verläufe ähnlich den bereits zuvor gezeigten Verläufen. Jedoch zeigt sich bereits in Abb. 13 die deutlich längere Simulationsdauer.

Durch die sehr viel höhere Anfangsfahrzeuggeschwindigkeit $v_{F,0}$ sind die Sprünge in den Radgeschwindigkeiten der beiden schweren Fahrzeuge (grün und rot) zu Beginn des Bremsvorgangs nun ausgeprägter, wie in Abb. 14 erkennbar. Ebenfalls blockiert das Rad des Referenzfahrzeuges sehr viel später als bei $v_{F,0} = 75\,{}^{km}/_h$. Hier tritt $\lambda = 1$ erst nach ungefähr 0,8 s ein.

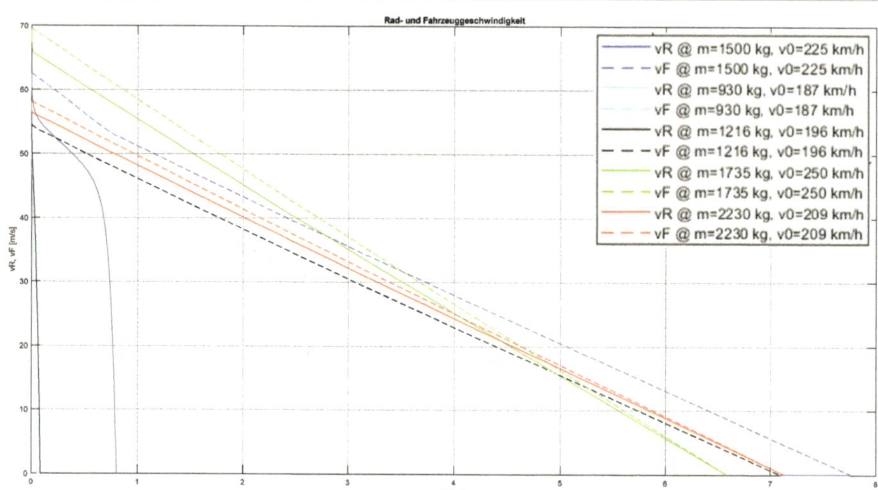

Abb. 14: Rad- und Fahrzeuggeschwindigkeiten (v_R, v_F) der verschiedenen Fahrzeuge bei Höchstgeschwindigkeit $v_{F,0} = v_{max}$

Auffällig ist in Abb. 14, dass die Verläufe der Fahrzeuggeschwindigkeit der beiden leichten Fahrzeuge nicht mehr nahezu gleich sind. Lediglich die Steigung der beiden Kurven ist sehr ähnlich. Begründet wird dies durch die unterschiedlichen Anfangsgeschwindigkeiten.

Auch bei den Bremswegen wirkt sich die Anfangsgeschwindigkeit deutlich aus. So springt der längste Bremsweg von 52 m in Abb. 9 auf nahezu 230 m in Abb. 15.

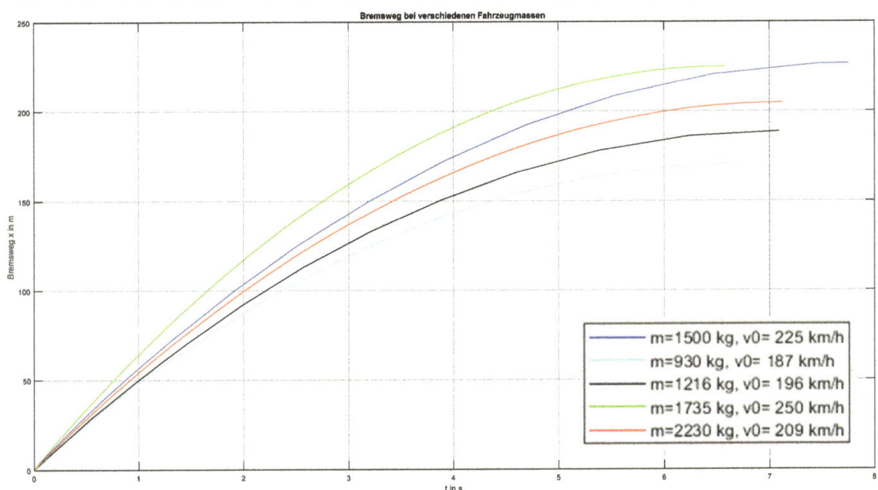

Abb. 15: Bremsweg x der verschiedenen Fahrzeuge bei Höchstgeschwindigkeit $v_{F,0} = v_{max}$

Die jeweils deutlich verlängerten Bremswege sind klar durch die höheren Anfangsgeschwindigkeiten verursacht. Eine weitere Analyse ist nichtig.

5. Bewertung der Ergebnisse

Anhand der in Kapitel 4 entwickelten Ergebnisse, könnte gefolgert werden, dass ein schwereres Auto bei gleicher Anfangsgeschwindigkeit einen kürzeren Bremsweg benötigt, wie sich beispielsweise in Abb. 9 zeigt. Weiterführend könnte nun angenommen werden, dass ein schweres Auto im Straßenverkehr sicherer ist. Diese falsche Erkenntnis wird jedoch durch die bereits beschriebene Anomalie des Reibkoeffizienten und insbesondere durch das für alle Fahrzeuge konstant angenommene Bremsmoment M_B verursacht. Die untersuchten Fahrzeuge würden in der Realität niemals alle das gleiche Bremsmoment aufweisen; die leichteren Fahrzeuge wären mit einem geringeren und die schweren Fahrzeuge mit einem höheren Bremsmoment ausgestattet. Dadurch würden die Räder der leichteren Fahrzeuge nicht so schnell blockieren und die der schwereren Fahrzeuge würden näher an den Grenzwert für blockierende Räder rücken. In der Realität sind, mit Ausnahme des Golf I, auch alle Fahrzeuge mit einem ABS-System ausgestattet, das den idealen Schlupfwert wie in 3.4.3 (Scherf 2010, S. 29) einstellt.

Um realistischere Simulationen und Ergebnisse zu erzeugen, müssten die Bremsmomente der verschiedenen Fahrzeuge bekannt sein. Die dann entstehenden Graphen würden deutlich von denen in dieser Arbeit abweichen und böten die Grundlage für sinnvolle Erkenntnisse.

Hinsichtlich der Geschwindigkeit lässt sich durch den Vergleich von Abb. 12 und Abb. 15 erkennen, dass eine geringere Geschwindigkeit immer zu einem kürzeren Bremsweg führt. Diese Erkenntnis ist trotz aller getroffenen Annahmen gültig. Auf dieser Grundlage ist es verständlich, wieso in Gefahrenbereichen, wie beispielsweise Schulen, die Geschwindigkeit reduziert werden sollte.

Zusammenfassend lässt sich daraus ableiten, dass man mit einer geringeren Geschwindigkeit – und mit ABS – stets sicherer fährt.

6. Abschlussbetrachtung

Rückblickend sind die in diesem Assignment abgebildeten Ergebnisse leider nur eingeschränkt für die Realität nutzbar. Die Gründe hierfür wurden bereits genannt. Zur Vergleichbarkeit der Ergebnisse empfiehlt es sich dennoch, konstante Randbedingungen zu setzen. Denn durch das gleichzeitige Variieren mehrerer Variablen wird die Ergebnisbewertung und –verifikation deutlich erschwert und sollte vermieden werden.

Die Herangehensweise an diese Aufgabe war von der großen Arbeitsintensität in Matlab/Simulink geprägt. Durch Vorüberlegungen wie dieser Aufwand reduziert werden kann, konnte jedoch mittels eines Skriptes und ausreichenden Matlab-Kenntnissen die manuellen Tätigkeiten während der Simulation deutlich reduziert werden. Dies eröffnete die Möglichkeit mehrere Parameter zu verändern und breitere Ergebnisse zu erhalten.

Würde die Arbeit weitergeführt werden, würde das Hauptskript noch weiter angepasst werden um die erwähnten Randbedingungen, wie z.B. das Bremsmoment, realitätsnaher zu gestalten.

7. Tabellenverzeichnis

8. Abbildungsverzeichnis

9. Formelzeichen

Formelzeichen	Größe	Einheit
F_N	Normalkraft	$\dfrac{kg\ m}{s^2}$
F_R	Reibkraft	$\dfrac{kg\ m}{s^2}$
J_R	Trägheitsmoment des Rades	$kg\ m^2$
M_B	Bremsmoment	$\dfrac{kg\ m^2}{s^2}$
c_1	Koeffizient für die Reibbeiwertberechnung	−
c_2	Koeffizient für die Reibbeiwertberechnung	−

c_3	Koeffizient für die Reibbeiwertberechnung	–
c_w	Luftwiderstandsbeiwert	–
r_R	Radradius	m
v_F	Fahrzeuggeschwindigkeit	$\frac{m}{s}$
v_R	Radgeschwindigkeit	$\frac{m}{s}$
φ_R	Raddrehwinkel	–
ω_R	Winkelgeschwindigkeit des Rades	$\frac{1}{s}$
A	Fahrzeugfrontfläche	m^2
g	Erdbeschleunigung	$\frac{m}{s^2}$
m	Fahrzeugmasse	kg
x	Bremsweg	m
λ	Schlupf	–
μ	Reibkoeffizient	–
ρ	Luftdichte	$\frac{kg}{m^3}$

10.   Literaturverzeichnis

mobile.de (Hg.): Fahrzeugübersicht. Online verfügbar unter
https://www.mobile.de/auto/vw/golf/serie.

Scherf, Helmut E. (2010): Modellbildung und Simulation dynamischer Systeme. Eine
Sammlung von Simulink-Beispielen. 4., verb. und erw. Aufl. München: Oldenbourg.

11. Anhang

11.1 Matlab-Code

Um den Aufwand während der Simulation zu begrenzen wird die Parametervariation über ein Skript gesteuert. Dieses definiert zu Beginn die Variablen, ruft anschließend die festen Parameter ab und startet dann die Simulation. Die Ergebnisse werden als Arrays ins Workspace geschrieben. Anschließend wird die Variable, bzw. die Variablen, geändert und die Simulation erneut gestartet. Dieser Vorgang wiederholt sich für alle Fälle. Abschließend werden die Diagramme über entsprechende Skripte erstellt und abgespeichert.

11.1.1 Brems_o_ABS_gesamt.m

```matlab
%Variablendefinition
v=100;
m1=1500;
m2=930;
m3=1216;
m4=1735;
m5=2230;
run Brems_o_ABS      %Defintion der Parameter
%Simulation der verschiedenen Fälle
m=m1;
sim('Brems_o_ABS')
lambda1=lambda;
v1=v;
x1=x;
m=m2;
sim('Brems_o_ABS')
lambda2=lambda;
v2=v;
x2=x;
m=m3;
sim('Brems_o_ABS')
lambda3=lambda;
v3=v;
x3=x;
m=m4;
sim('Brems_o_ABS')
lambda2=lambda;
v4=v;
x4=x;
m=m5;
sim('Brems_o_ABS')
lambda2=lambda;
v5=v;
x5=x;
%Erstellung der Diagramme
run dia_lambda
savefig('graph_var_m_lambda')
hold off
```

```matlab
run dia_v
savefig('graph_var_m_v')
hold off
run dia_brems
savefig('graph_var_m_x')
hold off
%
% Zweiter Durchgang, v0=75 km/h
%
%Variablendefinition
v=75;
m1=1500;
m2=930;
m3=1216;
m4=1735;
m5=2230;
run Brems_o_ABS      %Defintion der Parameter
%Simulation der verschiedenen Fälle
m=m1;
sim('Brems_o_ABS')
lambda1=lambda;
v1=v;
x1=x;
m=m2;
sim('Brems_o_ABS')
lambda2=lambda;
v2=v;
x2=x;
m=m3;
sim('Brems_o_ABS')
lambda3=lambda;
v3=v;
x3=x;
m=m4;
sim('Brems_o_ABS')
lambda2=lambda;
v4=v;
x4=x;
m=m5;
sim('Brems_o_ABS')
lambda2=lambda;
v5=v;
x5=x;
%Erstellung der Diagramme
run dia_lambda
savefig('graph_var_m_lambda_v75')
hold off
run dia_v
savefig('graph_var_m_v_v75')
hold off
run dia_brems
savefig('graph_var_m_x_v75')
hold off
%
% Dritter Durchgang, vmax
%
v01=225;
```

```matlab
v02=187;
v03=196;
v04=250;
v05=209;
m1=1500;
m2=930;
m3=1216;
m4=1735;
m5=2230;
run Brems_o_ABS      %Defintion der Parameter
%Simulation der verschiedenen Fälle
m=m1;
v=v01;
sim('Brems_o_ABS')
lambda1=lambda;
v1=v;
x1=x;
m=m2;
v=v02;
sim('Brems_o_ABS')
lambda2=lambda;
v2=v;
x2=x;
m=m3;
v=v03;
sim('Brems_o_ABS')
lambda3=lambda;
v3=v;
x3=x;
m=m4;
v=v04;
sim('Brems_o_ABS')
lambda2=lambda;
v4=v;
x4=x;
m=m5;
v=v05;
sim('Brems_o_ABS')
lambda2=lambda;
v5=v;
x5=x;
%Erstellung der Diagramme
run dia_lambda
savefig('graph_var_m_lambda_vmax')
hold off
run dia_v
savefig('graph_var_m_v_vmax')
hold off
run dia_brems
savefig('graph_var_m_x_vmax')
hold off
```

11.1.2 Skript Brems_o_ABS

```matlab
rR=0.3;
JR=0.8;
```

```matlab
A=2;
cw=0.3;
rho=1.2;
g=9.81;
c1=0.86;
c2=33.82;
c3=0.36;
v0=v/3.6;
MB=5355;
```

11.1.3 Skript dia_lambda

```matlab
plot(lambda1(:,1),lambda1(:,2),'b');
hold on
plot(lambda2(:,1),lambda2(:,2),'c');
plot(lambda3(:,1),lambda3(:,2),'k');
plot(lambda4(:,1),lambda4(:,2),'g');
plot(lambda5(:,1),lambda5(:,2),'r');
legend('m=1500 kg', 'm=930 kg', 'm=1216 kg', 'm=1735 kg', 'm=2230 kg')
xlabel('t in s')
ylabel('lambda')
title('lambda bei verschiedenen Fahrzeugmassen')
grid on
```

11.1.4 Skript dia_v

```matlab
plot(v1(:,1),v1(:,2),'b');
hold on
plot(v1(:,1),v1(:,3),'--b');
plot(v2(:,1),v2(:,2),'c');
plot(v2(:,1),v2(:,3),'--c');
plot(v3(:,1),v3(:,2),'k');
plot(v3(:,1),v3(:,3),'--k');
plot(v4(:,1),v4(:,2),'g');
plot(v4(:,1),v4(:,3),'--g');
plot(v5(:,1),v5(:,2),'r');
plot(v5(:,1),v5(:,3),'--r');
legend('vR @ m=1500 kg','vF @ m=1500 kg','vR @ m=930 kg', 'vF @ m=930 kg','vR
@ m=1216 kg', 'vF @ m=1216 kg','vR @ m=1735 kg','vF @ m=1735 kg', 'vR @
m=2230 kg', 'vF @ m=2230 kg')
xlabel('t in s')
ylabel('vR, vF [m/s]')
title('Rad- und Fahrzeuggeschwindigkeit')
grid on
```

11.1.5 Skript dia_brems

```matlab
plot(x1(:,1),x1(:,2),'b');
hold on
plot(x2(:,1),x2(:,2),'c');
plot(x3(:,1),x3(:,2),'k');
plot(x4(:,1),x4(:,2),'g');
plot(x5(:,1),x5(:,2),'r');
legend('m=1500 kg', 'm=930 kg', 'm=1216 kg', 'm=1735 kg', 'm=2230 kg')
xlabel('t in s')
```

```matlab
ylabel('Bremsweg x in m')
title('Bremsweg bei verschiedenen Fahrzeugmassen')
grid on
```

11.2 Graphen
11.2.1 Abb. 7

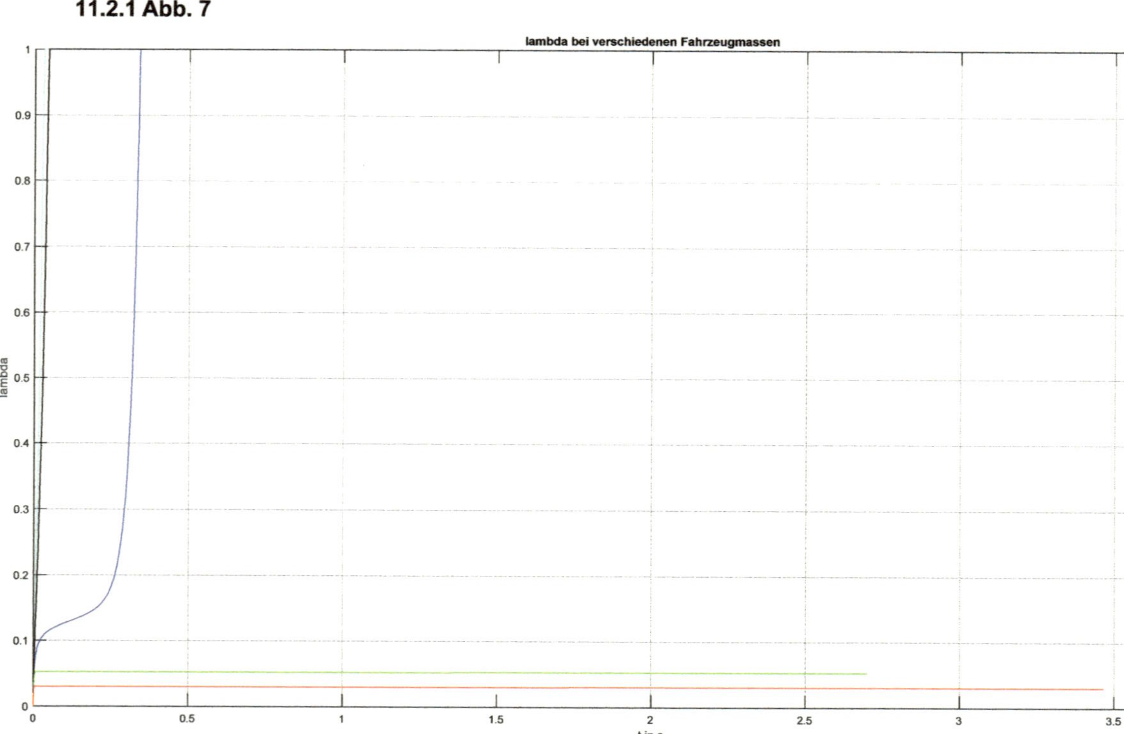

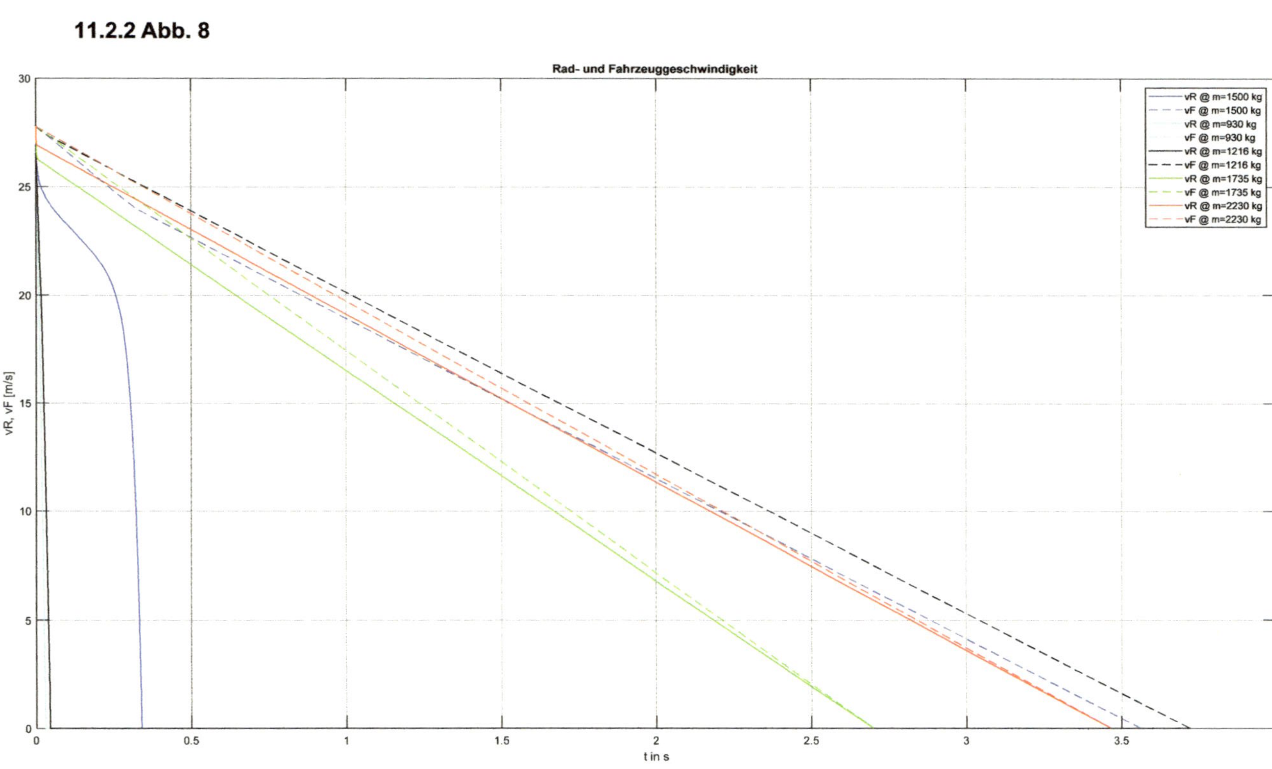

Rad- und Fahrzeuggeschwindigkeit
vR @ m=1500 kg
vF @ m=1500 kg
vR @ m=930 kg
vF @ m=930 kg
vR @ m=1216 kg
vF @ m=1216 kg
vR @ m=1735 kg
vF @ m=1735 kg
vR @ m=2230 kg
vF @ m=2230 kg
vR, vF [m/s]
t in s

11.2.3 Abb. 9

Bremsweg bei verschiedenen Fahrzeugmassen
m=1500 kg
m=930 kg
m=1216 kg
m=1735 kg
m=2230 kg
Bremsweg x in m
t in s

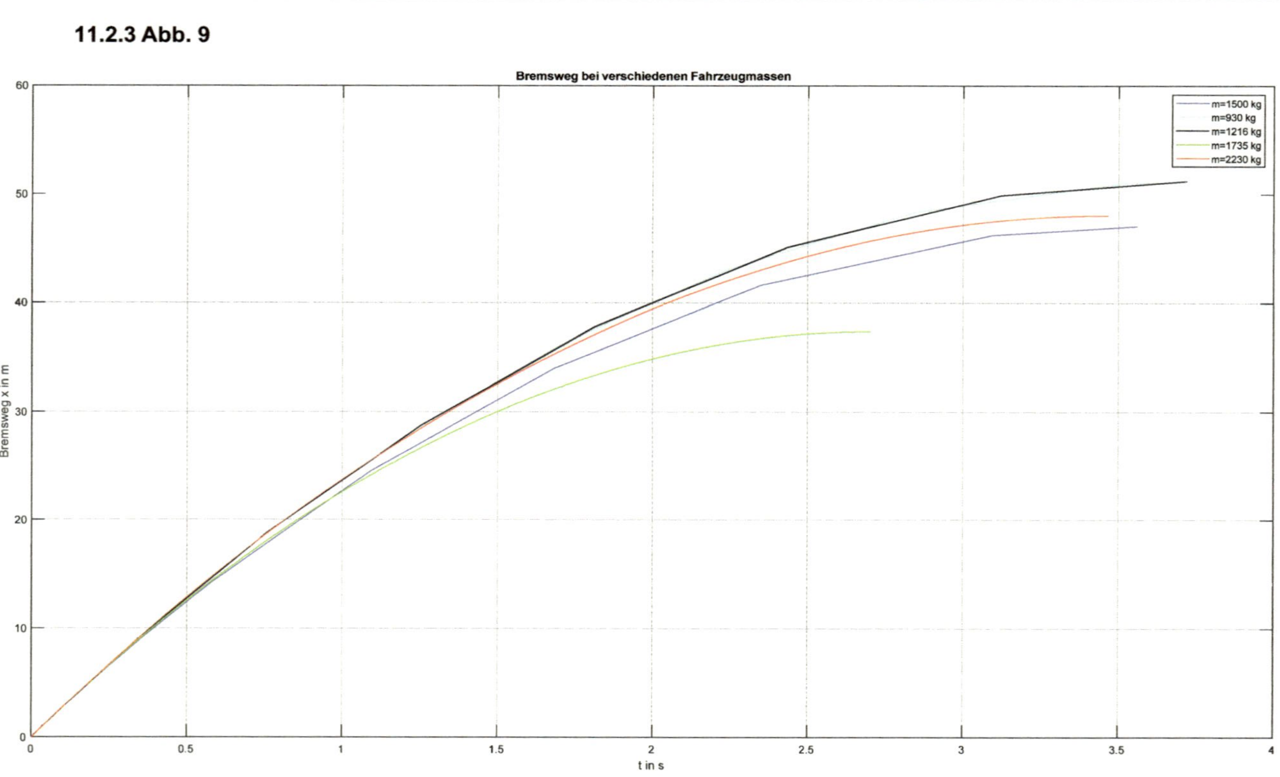

11.2.4 Abb. 10

lambda bei verschiedenen Fahrzeugmassen und v0= 75 km/h
m=1500 kg
m=930 kg
m=1216 kg
m=1735 kg
m=2230 kg
lambda
t in s

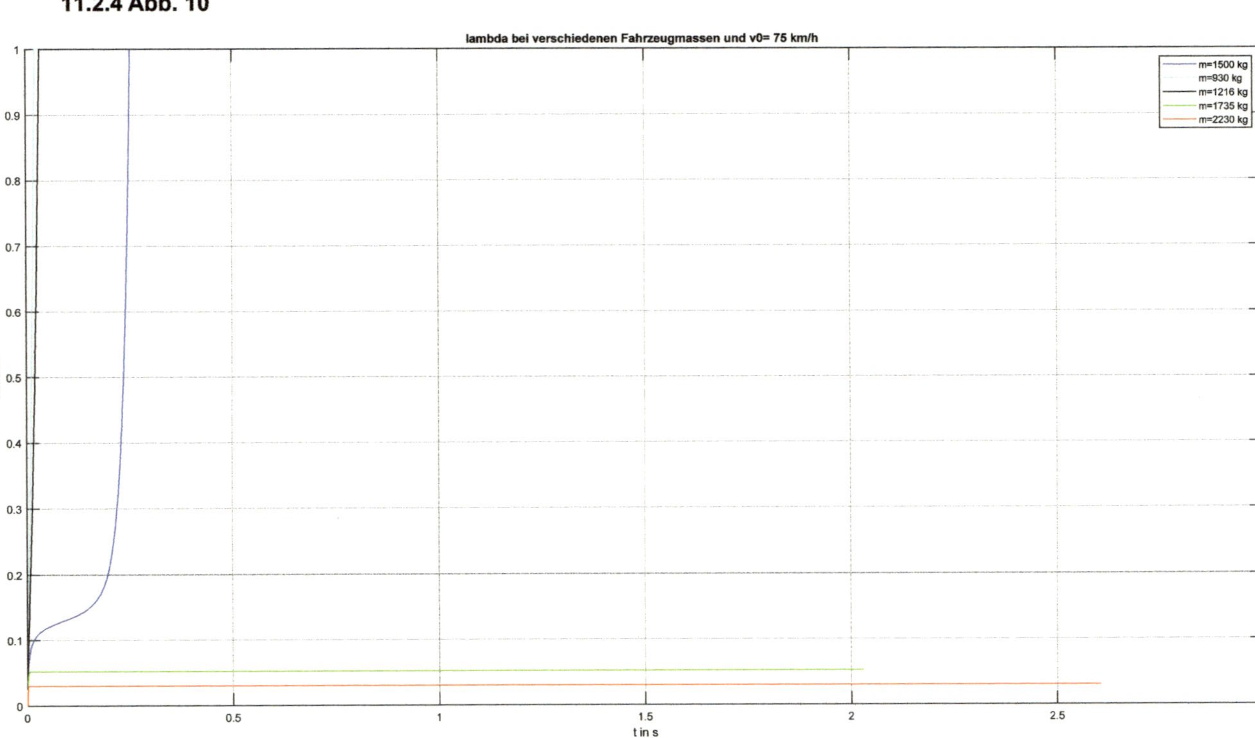

11.2.5 Abb. 11

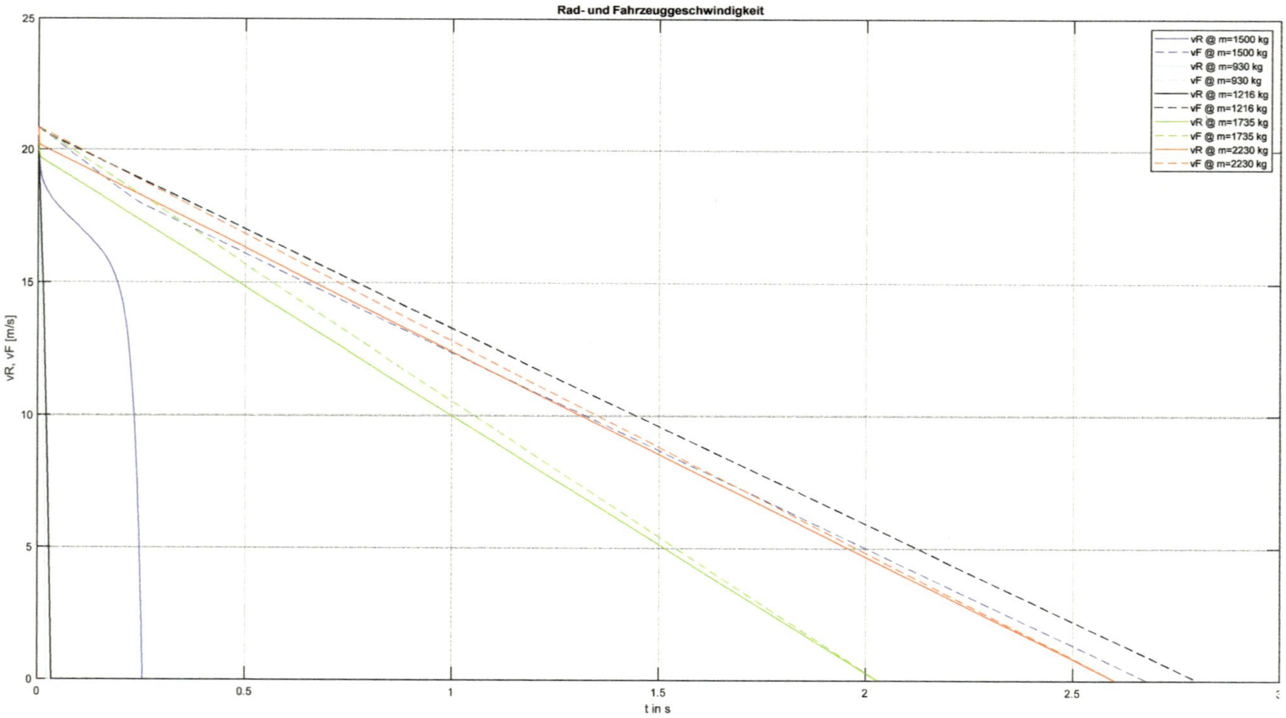
Rad- und Fahrzeuggeschwindigkeit
vR @ m=1500 kg
vF @ m=1500 kg
vR @ m=930 kg
vF @ m=930 kg
vR @ m=1216 kg
vF @ m=1216 kg
vR @ m=1735 kg
vF @ m=1735 kg
vR @ m=2230 kg
vF @ m=2230 kg
vR, vF [m/s]
t in s
0
5
10
15
20
25
0.5
1
1.5
2
2.5

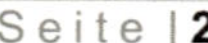

11.2.6 Abb. 12

Bremsweg bei verschiedenen Fahrzeugmassen
Bremsweg x in m
t in s
m=1500 kg
m=930 kg
m=1216 kg
m=1735 kg
m=2230 kg

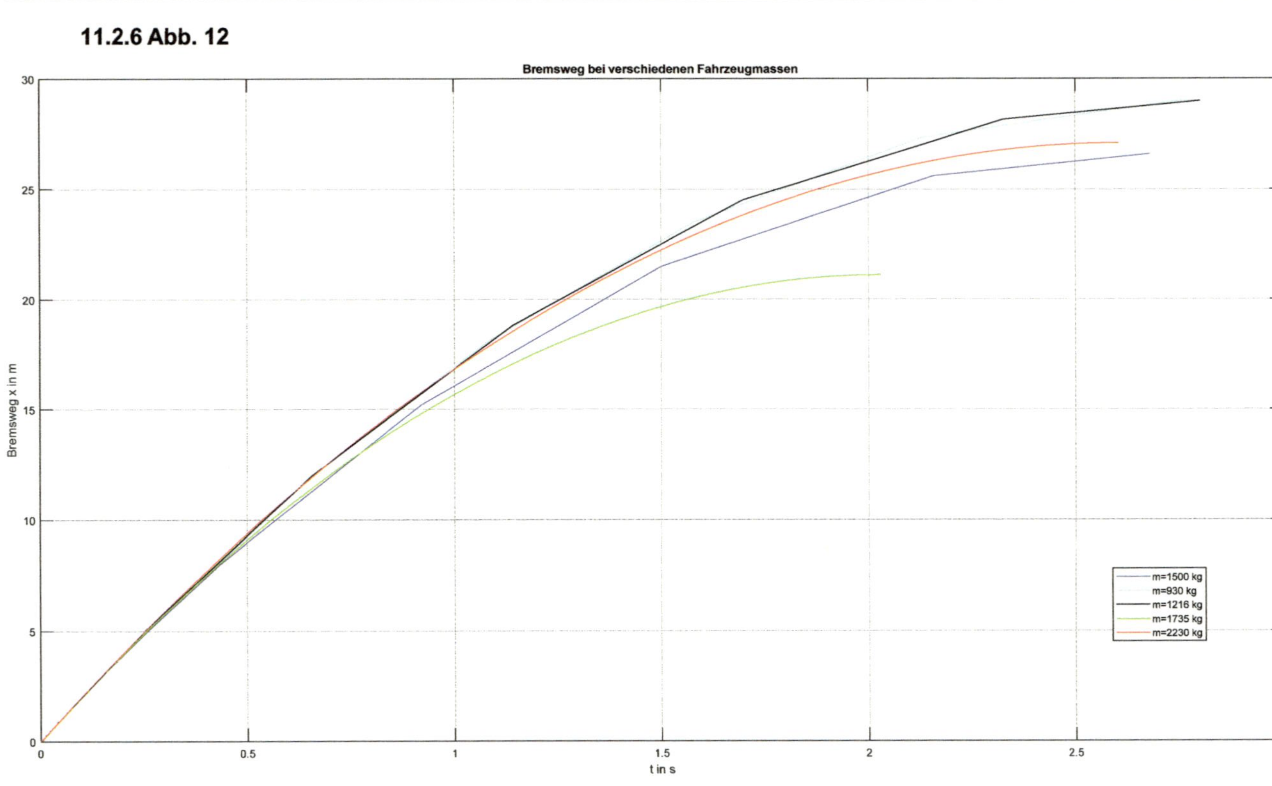

11.2.7 Abb. 13

lambda bei verschiedenen Fahrzeugmassen
lambda
t in s
m=1500 kg, v0= 225 km/h
m=930 kg, v0= 187 km/h
m=1216 kg, v0= 196 km/h
m=1735 kg, v0= 250 km/h
m=2230 kg, v0= 209 km/h

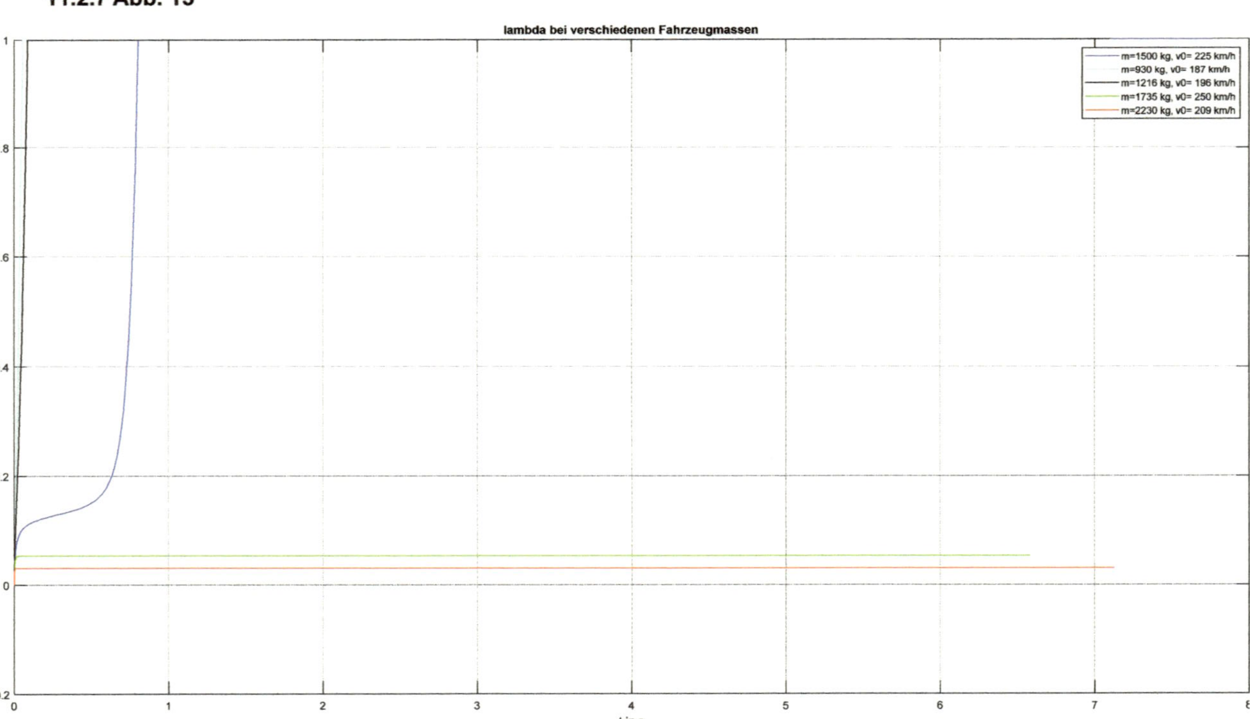

11.2.8 Abb. 14

Rad- und Fahrzeuggeschwindigkeit
vR, vF [m/s]
t in s
vR @ m=1500 kg, v0=225 km/h
vF @ m=1500 kg, v0=225 km/h
vR @ m=930 kg, v0=187 km/h
vF @ m=930 kg, v0=187 km/h
vR @ m=1216 kg, v0=196 km/h
vF @ m=1216 kg, v0=196 km/h
vR @ m=1735 kg, v0=250 km/h
vF @ m=1735 kg, v0=250 km/h
vR @ m=2230 kg, v0=209 km/h
vF @ m=2230 kg, v0=209 km/h

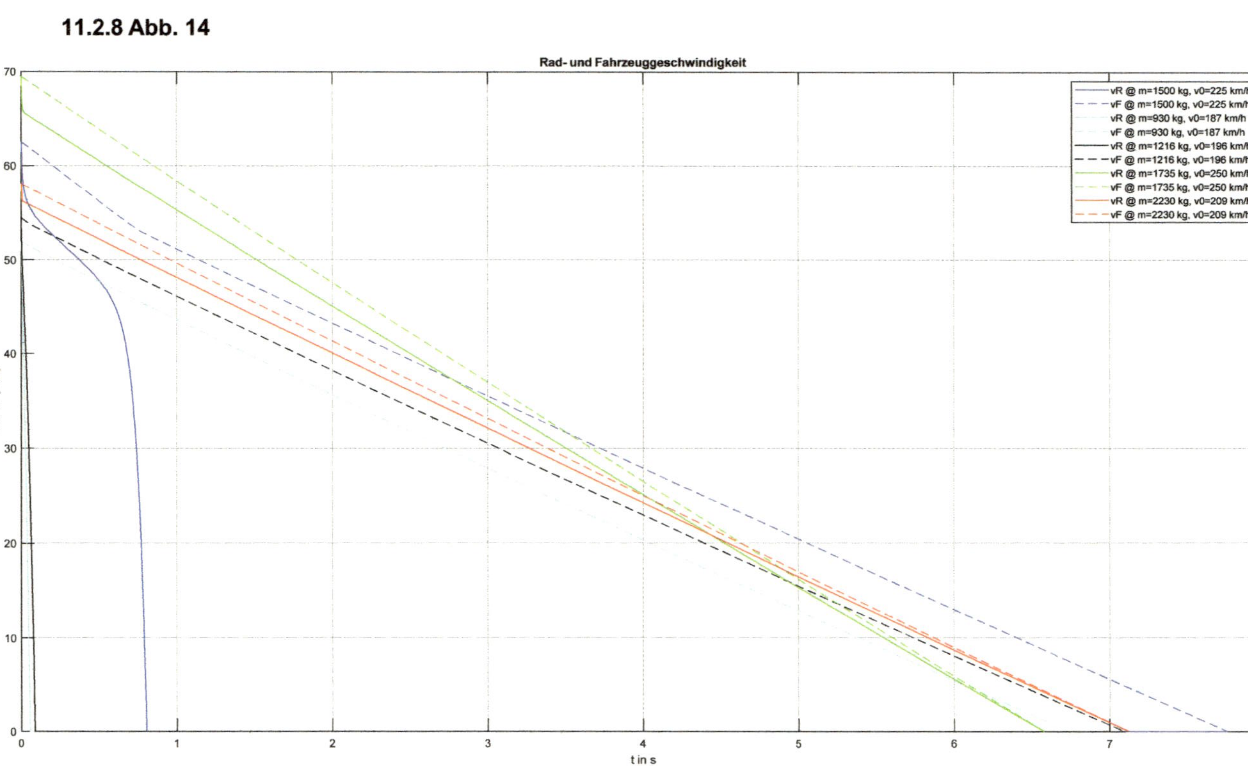

11.2.9 Abb. 15

Bremsweg bei verschiedenen Fahrzeugmassen
Bremsweg x in m
t in s
250
200
150
100
50
0
0
1
2
3
4
5
6
7
8
m=1500 kg, v0= 225 km/h
m=930 kg, v0= 187 km/h
m=1216 kg, v0= 196 km/h
m=1735 kg, v0= 250 km/h
m=2230 kg, v0= 209 km/h

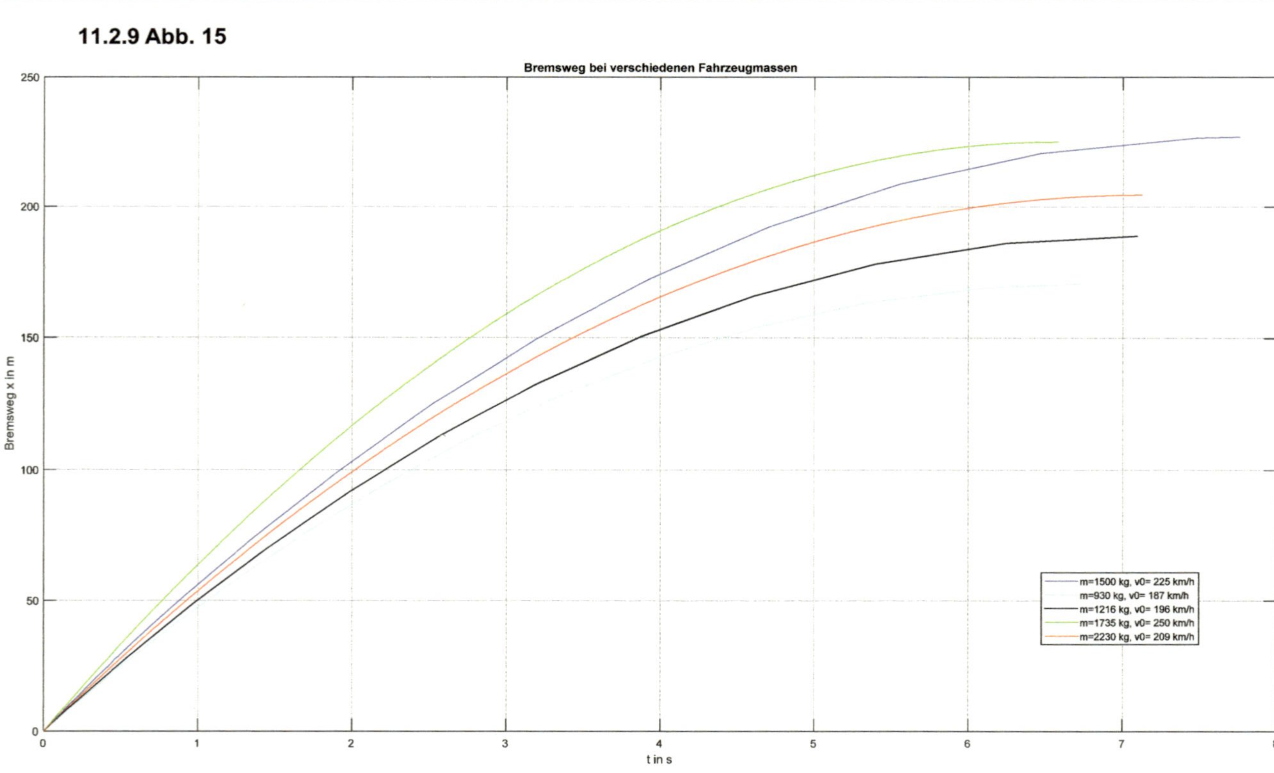